生き物たちの地球 1

写真・文
前川貴行

Wildlife of the World / Takayuki Maekawa

ヒグマ
BROWN BEAR

1

ねらいをさだめて川に飛びこむブラウンベアー

▶ アメリカ・アラスカ州

大《おお》きな存在《そんざい》 クマを追《お》い、撮《と》る

1

アメリカのアラスカ州《しゅう》にあるカトマイ国立公園《こくりつこうえん》では、夏《なつ》から秋《あき》にかけて、たくさんのヒグマが川《かわ》や湖《みずうみ》に集《あつ》まってきます。それは産卵《さんらん》するために、生《う》まれた川《かわ》にもどってくるサーモンを捕《つか》まえて食《た》べるためです。

僕《ぼく》が写真家《しゃしんか》になろうと思《おも》ったのは、海《うみ》や山《やま》などの自然《しぜん》が好《す》きだったからで、自然《しぜん》のなかで長《なが》い時間《じかん》を過《す》ごせる仕事《しごと》を考《かんが》えたとき、頭《あたま》に浮《う》かんだのが写真家《しゃしんか》だったのです。

自然《しぜん》のなかにずっといると、ときどき野生動物《やせいどうぶつ》たちと出《で》あうことがあります。

小《ちい》さな生《い》き物《もの》なら大丈夫《だいじょうぶ》ですが、大《おお》きな角《つの》をもったオスジカなどは、体《からだ》が大《おお》きくてちょっとこわいです。でも、そうしたおそれを感《かん》じながらも、動物《どうぶつ》たちとの出《で》あいはとても興奮《こうふん》します。

地球《ちきゅう》で一番《いちばん》の生《い》き物《もの》は人間《にんげん》で、動物《どうぶつ》は人間《にんげん》より下《した》にあると、僕《ぼく》はなんとなく思《おも》っていたかもしれません。でも、自然《しぜん》のなかで野生動物《やせいどうぶつ》と一対一《いったいいち》で向《む》き合《あ》い、目《め》を合《あ》わせると、僕《ぼく》も動物《どうぶつ》も同《おな》じ一つの命《いのち》であることを強《つよ》く感《かん》じます。

上《うえ》でも下《した》でもなく、この地球《ちきゅう》で共《とも》に生《い》きる対等《たいとう》な存在《そんざい》です。そのことが分《わ》かってから、僕《ぼく》は動物《どうぶつ》との出《で》あいが楽《たの》しくて仕方《しかた》がなくなりました。

そして、世界《せかい》のあちこちに出《で》かけて、野生動物《やせいどうぶつ》の写真《しゃしん》を撮《と》るようになったのです。なかでも僕《ぼく》にとって特別《とくべつ》な存在《そんざい》なのがクマです。大《おお》きくて力《ちから》が強《つよ》く簡単《かんたん》に近《ちか》づくことができないからこそ、もっとそばで見《み》たいという魅力《みりょく》を感《かん》じるのです。動物《どうぶつ》の写真《しゃしん》を撮《と》ろうと思《おも》ったとき、初《はじ》めにクマを追《お》いかけようと決《き》めました。近《ちか》づいて写真《しゃしん》を撮《と》るのが難《むずか》しいけれど、がんばって挑戦《ちょうせん》してみようと思《おも》ったからです。

ヒグマ BROWN BEAR

ユーラシア大陸から北アメリカ大陸にかけて広くくらす、クマ科のほ乳類。雑食性で木の芽や果実、昆虫、魚類、ほ乳類などを食べます。大きくなると、体の大きさは2～3メートル、体重は200キロから450キロにもなります。生息地や栄養状態によって体の大きさにも違いがあります。土の中にほった穴などで冬眠（冬ごもり）します。

立ち上がり、あたりの様子をうかがう親子
▶アメリカ・アラスカ州

ホッキョクグマ

POLAR BEAR

2

雪の上でころがるホッキョクグマ

▶ カナダ・ハドソン湾周辺

雪原《せつげん》を行《い》くホッキョクグマ

2

冬《ふゆ》の間《あいだ》は北極海《ほっきょくかい》の氷《こおり》の上《うえ》で過《す》ごすホッキョクグマですが、海《うみ》の氷《こおり》が解《と》ける夏《なつ》の間《あいだ》は陸地《りくち》で過《す》ごします。主食《しゅしょく》はアザラシで、海《うみ》が凍《こお》らないと狩《か》りができません。そこで秋《あき》から冬《ふゆ》にかけ、いち早《はや》く海《うみ》が凍《こお》り始《はじ》める岬《みさき》に集《あつ》まるのです。

20代《だい》の終《お》わりごろ、とても気《き》になる動物《どうぶつ》がいました。それはホッキョクグマです。名前《なまえ》に北極《ほっきょく》と付《つ》くくらい、雪《ゆき》と氷《こおり》だらけのものすごく寒《さむ》い地域《ちいき》でくらしている生《い》き物《もの》です。

人間《にんげん》が命《いのち》をかけて冒険《ぼうけん》するような過酷《かこく》な場所《ばしょ》で、どうやって生《い》きているのか、なぜそんな大変《たいへん》なところで生《い》きなければならないのか、不思議《ふしぎ》でなりませんでした。そんなことを考《かんが》えていたら、いてもたってもいられなくなり、僕《ぼく》はホッキョクグマにあいに行《い》くことに決《き》めたのです。

晩秋《ばんしゅう》の一時期《いちじき》だけ、たくさんのホッキョクグマが集《あつ》まる場所《ばしょ》があります。カナダの東側《ひがしがわ》、ぽっかりと大《おお》きな口《くち》を開《あ》けたハドソン湾《わん》の西岸《せいがん》にあるチャーチル岬《みさき》です。

ここはこの地域《ちいき》で最初《さいしょ》に海《うみ》が凍《こお》る場所《ばしょ》で、クマたちは少《すこ》しでも早《はや》く氷《こおり》の上《うえ》でアザラシ狩《が》りがしたくて集《あつ》まるのです。海《うみ》が凍《こお》ってクマたちが旅立《たびだ》つまでの一か月《げつ》ほど、僕《ぼく》はこの場所《ばしょ》にいました。

気温《きおん》はマイナス30度《ど》以下《いか》にも冷《ひ》えこみ、あらゆるものが凍《こお》ってしまいます。でもクマたちは、そんな寒《さむ》さをまるで気《き》にするふうでもなく、生《い》き生《い》きとしています。仲間同士《なかまどうし》でじゃれあったり、遊《あそ》び半分《はんぶん》のケンカをしたり、雪面《せつめん》をころがって楽《たの》しんだりしています。

親子《おやこ》もたくさんいます。子《こ》グマはまだ寒《さむ》さに弱《よわ》いので、休《やす》むときや寝《ね》るときは、母《はは》グマが子《こ》どもをつつむようにして温《あたた》めます。愛情《あいじょう》あふれる親子《おやこ》の姿《すがた》は、僕《ぼく》たちと変《か》わらないと思《おも》いました。

ここは人間《にんげん》には大変《たいへん》な環境《かんきょう》だけど、ホッキョクグマにとっては快適《かいてき》で、居心地《いごこち》の良《よ》い世界《せかい》なのです。

ホッキョクグマ POLAR BEAR

クマ科のほ乳類。北極圏の沿岸地域にくらしています。体長は2〜3メートル、おすは体重650キロ、めすは300キロになります。雪や氷にとけこむ白っぽい半透明色をしています。おもに魚類やアザラシなどを食べ、水の中をもぐったり、泳いだりするのも得意です。種の絶滅が心配されています。

雪原を行くホッキョクグマの親子
▶ カナダ・ハドソン湾周辺

ニホンザル

JAPANESE MACAQUE

3

のんびりと温泉につかるニホンザルの群れ

▶ 長野県・地獄谷

人《ひと》の気《き》持《も》ちがわかる？ ニホンザル

3

長野県《ながのけん》の地獄谷温泉《じごくだにおんせん》には、たくさんのニホンザルがくらしています。山《やま》から下《お》りてきて温泉《おんせん》のある川《かわ》沿《ぞ》いで食《た》べ物《もの》を探《さが》したり、仲間《なかま》で毛《け》づくろいをしたり、お湯《ゆ》につかって気持《きも》ち良《よ》さそうにしています。

ニホンザルは北海道《ほっかいどう》と沖縄《おきなわ》をのぞき、北《きた》は青森県《あおもりけん》の下北半島《しもきたはんとう》から南《みなみ》は鹿児島県《かごしまけん》の屋《や》久島《くしま》まで、日本各地《かくち》に幅広《はばひろ》く生息《せいそく》している動物《どうぶつ》です。なかでも下北半島《しもきたはんとう》のニホンザルは、世界《せかい》で最《もっと》も北《きた》にすむサルとして有名《ゆうめい》です。

僕《ぼく》たちの身近《みぢか》な存在《そんざい》であり、日本を代表《だいひょう》する生《い》き物《もの》と言《い》ってもよいでしょう。

ニホンザルと接《せっ》して感《かん》じるのは、こちらの思《おも》っていることが伝《つた》わるような気《き》がすることです。

ある時《とき》、若《わか》いサルたちが歩《ある》いてきました。通《とお》り道《みち》の真《ま》ん中《なか》で親子《おやこ》の写真《しゃしん》を撮《と》っていた僕《ぼく》は、若《わか》ザルたちが来《き》たのを知《し》っていましたが、こっちは撮影《さつえい》で忙《いそが》しいからどかないよ、という気持《きも》ちでいました。すると若《わか》ザルは、お前《まえ》がじゃまだ、と言《い》わんばかりに僕《ぼく》の肩《かた》をけっ飛《と》ばし、平然《へいぜん》と歩《ある》いて行《い》きました。

またある時《とき》は、レンズがくっつくほど近《ちか》づいてリーダーのおすザルを撮《と》っていました。リーダーだけあって、貫禄《かんろく》たっぷりで格好《かっこう》よく、ぐいぐい近《ちか》づいて写真《しゃしん》を撮《と》りました。

多少《たしょう》は我慢《がまん》をしていたおすザルですが、歯《は》をむき出《だ》して怒《おこ》り出《だ》し、僕《ぼく》の太《ふと》ももにかみついてきました。僕《ぼく》はおすザルからはなれるしかありませんでした。

サルたちにしてみれば、僕《ぼく》はやっかいなじゃま者《もの》。はれあがった太《ふと》ももを見《み》ながら、リーダーは自分《じぶん》の役目《やくめ》を果《は》たしたのだと思《おも》いました。

ニホンザル JAPANESE MACAQUE

オナガザル科の霊長類で、日本だけに生息するサルです。本州、四国、九州とその周りの島で生活しています。数十頭から100頭ほどのむれをつくって集団で森や林などでくらします。顔とおしりが赤いのが特徴です。野生のサルは雑食性で、果実や芽、木の皮、昆虫などがエサです。魚や貝類を食べることもあります。

秋も深まる山のなか、木の上にいた親子
▶ 長野県・地獄谷

ライオン

LION

4

めすライオンに飛びかかられたウシが、ふりきろうと必死に走る

▶ ケニア・マサイマラ国立保護区

4

狩《か》りをする ライオン

百獣《ひゃくじゅう》の王《おう》と呼《よ》ばれるライオン。「プライド」という、何頭《なんとう》かのおすを中心《ちゅうしん》としためすたちと子《こ》どもたちの家族《かぞく》を作《つく》り、その多《おお》くはアフリカの草原地帯《そうげんちたい》であるサバンナにくらしています。狩《か》りをするのは主《おも》にめすの役目《やくめ》です。

日《ひ》の出前《でまえ》、僕《ぼく》は東《ひがし》アフリカにあるケニアのサバンナにいました。サバンナとは、雨期《うき》と乾期《かんき》が明確《めいかく》な熱帯《ねったい》、亜熱帯地方《あねったいちほう》に広《ひろ》がる草原《そうげん》のことで、ところどころ低《ひく》い木《き》も生《は》えています。野生動物《やせいどうぶつ》がたくさんくらしていて、僕《ぼく》は車《くるま》に乗《の》って動物《どうぶつ》たちを探《さが》していました。

周囲《しゅうい》をぐるりと見回《みまわ》していると、遠《とお》くの方《ほう》からウシがこちらに向《む》かって歩《ある》いてきます。サバンナには野生《やせい》のウシの仲間《なかま》が数多《かずおお》くいますが、そのウシは家畜《かちく》でした。サバンナに住《す》むマサイ族《ぞく》が飼《か》っているウシが逃《に》げ出《だ》してきたのでしょう。

様子《ようす》を見《み》ていると、ウシの後《あと》をめすのライオンが背《せ》を低《ひく》くして忍《しの》び寄《よ》っています。どうなるのかと思《おも》った瞬間《しゅんかん》、ライオンはウシに向《む》かって走《はし》り出《だ》しました。慌《あわ》てたウシも逃《に》げ出《だ》し、ライオンは一生懸命《いっしょうけんめい》に追《お》いかけます。そしてウシに飛《と》びかかりました。

ライオンは前脚《まえあし》で背中《せなか》を捕《つか》まえ、ウシはどうにかかふり切《き》ろうと走《はし》り続《つづ》けます。すると、捕《つか》まえきれなくなったのか、ライオンの前脚《まえあし》がウシからはずれてしまいました。それでもライオンは、地平線《ちへいせん》のかなたまでウシを追《お》いかけて行《い》きました。その後《あと》どうなったのかは分《わ》かりませんでした。

その日《ひ》の夕方《ゆうがた》、マサイ族《ぞく》の人《ひと》に会《あ》って話《はなし》をしてみると、ライオンにおそわれたウシが、無事《ぶじ》に村《むら》に帰《かえ》ってきたそうです。ウシとマサイ族《ぞく》にとってみれば良《よ》かったですが、ライオンにとっては残念《ざんねん》な結末《けつまつ》でした。百獣《ひゃくじゅう》の王《おう》ライオンといえども、狩《か》りが成功《せいこう》するのは4回《かい》に1回《かい》ほどなのです。

ライオン LION

ネコ科のほ乳類です。おすの体の大きさは約1.7〜2.5メートル。重さは約150〜200キロにもなります。めすの体はおすよりも小さめです。黄褐色の体毛でおおわれています。ネコ科の中で、唯一、群れをつくってくらします。おもにアフリカのサバンナ（草原）に生息し、ヌーやシマウマ、シカなどを食べています。

草原で休むライオンの家族
▶ ケニア・マサイマラ国立保護区

ハクトウワシ

BALD EAGLE

5

なわばりに入ろうと飛んできた仲間を追い払うため、
するどい爪で攻撃をするハクトウワシ

▶ アメリカ・アラスカ州

仲間《なかま》とも戦《たたか》うハクトウワシ

5

アメリカの国鳥《こくちょう》であるハクトウワシ。１９６０年《ねん》代《だい》には乱獲《らんかく》や農薬汚染《のうやくおせん》の問題《もんだい》で絶滅《ぜつめつ》の危機《きき》にひんしていました。しかし、その後《ご》の環境問題《かんきょうもんだい》の改善《かいぜん》や保護活動《ほごかつどう》が実《みの》り、今《いま》ではその数《かず》を増《ふ》やして絶滅《ぜつめつ》の恐《おそ》れがなくなりました。

初《はじ》めてハクトウワシを見《み》たのは、今《いま》から20年《ねん》ほど前《まえ》。無数《むすう》の島々《しまじま》が連《つら》なる南東《なんとう》アラスカで、小型《こがた》のボートに乗《の》ってクマを探《さが》していたときです。

海岸沿《かいがんぞ》いを歩《ある》くクマを少《すこ》し離《はな》れたところから写《しゃ》真《しん》を撮《と》っていました。

ヒョッヒョッヒョッと風変《ふうが》わりな鳴《な》き声《ごえ》がするので、背後《はいご》の樹上《じゅじょう》を見上《みあ》げると、ハクトウワシが枝《えだ》にとまり、僕《ぼく》を見下《みお》ろしていました。写真《しゃしん》を撮《と》ろうとしたら、すぐに飛《と》んで行《い》ってしまいました。

精悍《せいかん》な顔《かお》でかっこよく、翼《つばさ》を広《ひろ》げると2メートル以上《いじょう》にもなる大《おお》きなワシですが、警戒心《けいかいしん》が強《つよ》いのだなと思《おも》いました。それ以来《いらい》、アラスカやカナダのあちこちで、撮影《さつえい》をするようになりました。

アラスカ南部《なんぶ》のヘインズというところに、チルカットリバーという川《かわ》が流《なが》れています。アラスカは秋《あき》になるとほとんどの川《かわ》が寒《さむ》さで凍《こお》ってしまうのですが、この川《かわ》は凍《こお》るのが遅《おそ》くて11月に入《はい》ってもまだ凍《こお》りません。そのため、魚《さかな》を主食《しゅしょく》とするハクトウワシが、たくさん集《あつ》まるのです。

数多《かずおお》く集《あつ》まると、魚《さかな》をめぐる争《あらそ》いも多《おお》くなります。産卵《さんらん》し終《お》わって死《し》んだサーモンを奪《うば》い合《あ》い、取《と》っ組《く》み合《あ》いのケンカをして、相手《あいて》を川《かわ》の中《なか》に沈《しず》めたりするほどの激《はげ》しさです。食《た》べ物《もの》がなくなる冬《ふゆ》を前《まえ》にして、自分《じぶん》が生《い》きるために仲間《なかま》と争《あらそ》うことは、野生動物《やせいどうぶつ》にとっては当《あ》たり前《まえ》でとても大切《たいせつ》なことなのです。

ハクトウワシ BALD EAGLE

タカ科の生き物。北アメリカの水辺にすみ、おもに魚を食べます。翼を広げると2メートルほどにもなります。体はこげ茶色でくちばしは黄色、成長するにつれて頭の部分と尾が白くなります。同じ巣を何年も使う習慣があります。アメリカの国鳥になったのは、威厳のある美しさや強さ、長生きなことなどが理由です。

凛々しくて精悍な顔が夕日にそまる
▶アメリカ・アラスカ州

アフリカゾウ

AFRICAN ELEPHANT

6

アフリカゾウの足元や背中には、
ゾウが歩くと草むらから飛び出す虫を食べるアマサギが乗ります

▶ ケニア・アンボセリ国立公園

6

便利《べんり》な鼻《はな》と優《やさ》しい目《め》 アフリカゾウ

地上《ちじょう》で最《もっと》も大《おお》きい生《い》き物《もの》であるアフリカゾウ。おすの体長《たいちょう》は6～7メートル、体高《たいこう》3メートル以上《いじょう》、体重《たいじゅう》は最大《さいだい》で6トンになるものもいます。人間《にんげん》と同《おな》じくらい長生《ながい》きし、めすがリーダーの群《む》れをつくって暮《く》らしています。

アフリカで一番高《いちばんたか》い山《やま》、キリマンジャロのふもとに、アンボセリ国立公園《こくりつこうえん》（ケニア）があります。水《みず》が豊富《ほうふ》な湿地《しっち》が点在《てんざい》する草原《そうげん》で、ゾウがたくさん暮《く》らしています。

僕《ぼく》はサファリカーに乗《の》って、ゾウのそばに行《い》ってみました。ゾウはとても頭《あたま》の良《よ》い生《い》き物《もの》といわれています。記憶力《きおくりょく》も良《よ》く、群《む》れを率《ひき》いる長老《ちょうろう》のめすは、季節《きせつ》によってどこに行《い》けば水《みず》が飲《の》めるか、食《た》べ物《もの》が豊富《ほうふ》なのかをわかっています。

なんと、ゾウは死《し》ぬまで成長《せいちょう》を続《つづ》け、体《からだ》が大《おお》きくなります。牙《きば》も伸《の》び続《つづ》けます。だから大《おお》きければ大《おお》きいほど長生《ながい》きしているということです。

ゾウの鼻《はな》はいろいろなことに使《つか》います。匂《にお》いをかぐのはもちろん、枝《えだ》を折《お》ったり、葉《は》、芽《め》、実《み》をつみ取《と》って食《た》べたり。水《みず》を飲《の》むときも、いったん鼻《はな》に吸《す》いこんでためて、口《くち》に流《なが》しこみます。仲間《なかま》と鼻《はな》をからませ、コミュニケーションをとるためにも使《つか》います。

牙《きば》は白《しろ》くツヤツヤしてとても美《うつく》しいです。でも美《うつく》しい牙《きば》があるために、たくさんのゾウが密猟者《みつりょうしゃ》に殺《ころ》されてしまいます。象牙《ぞうげ》は高《たか》いお金《かね》で取引《とりひき》され、置物《おきもの》などに加工《かこう》されて売《う》られます。そのためゾウの個体数《こたいすう》は減《へ》っているのです。

ゾウの目《め》を見《み》つめると、いろいろな気持《きも》ちが読《よ》み取《と》れる気《き》がします。冷《つめ》たくてするどく僕《ぼく》を見抜《みぬ》く目《め》の奥《おく》には、優《やさ》しさと悲《かな》しみがつまっているようです。

アフリカゾウ AFRICAN ELEPHANT

ゾウ科の生き物。アフリカのサハラ砂漠よりも南のサバンナや森林の中でくらしています。植物の葉や枝、果実などを食べます。体は灰色をしています。1日約100リットルの水を飲むといわれています。きばは上あごの門歯が伸びたものです。気性が荒くて、人には慣れにくい性格のようです。

草原の彼方からやってきた100頭以上の群れ
▶ ケニア・アンボセリ国立公園

アトランティックパフィン

ATLANTIC PUFFIN

7

ピエロのような独特な顔つきが大きな特徴のアトランティックパフィン

▶ カナダ・ニューファンドランド島

顔《かお》立《だ》ち、鮮《あざ》やか アトランティックパフィン

7

北大西洋《きたたいせいよう》に浮《う》かぶカナダのニューファンドランド島《とう》では、毎年春《まいとしはる》が過《す》ぎるとグリーンランドなどの北極圏《ほっきょくけん》から、たくさんのアトランティックパフィンがやってきます。それはひと夏《なつ》をかけて、子育《こそだ》てをするためです。

ある年《とし》、僕《ぼく》は春《はる》から夏《なつ》にかけて、カナダの東《ひがし》に浮《う》かぶ島《しま》でキャンプをしていました。ハクトウワシの子育《こそだ》ての写真《しゃしん》を撮《と》っていたのです。島《しま》にはさまざまな生《い》き物《もの》がすんでいて、僕《ぼく》はとても気《き》になる鳥《とり》がいました。アトランティックパフィンです。

目《め》の縁取《ふちど》りがツノのように見《み》えることから、日本名《めい》はニシツノメドリといいます。くちばしも赤《あか》や黄《き》色《いろ》のしま模様《もよう》になっていて、鮮《あざ》やかでとても印象的《いんしょうてき》な顔《かお》立《だ》ちです。

ハクトウワシの撮影《さつえい》がひと段落《だんらく》したときに、パフィンのいる場所《ばしょ》に行《い》ってみました。海岸《かいがん》のすぐ近《ちか》くの小島《こじま》では、島《しま》を埋《う》め尽《つ》くすほどのパフィンが、地《じ》面《めん》に作《つく》った巣穴《すあな》で子育《こそだ》てをしていました。

海《うみ》にもぐるのが得意《とくい》なパフィンは、水中《すいちゅう》でイカナゴやシシャモをつかまえて巣穴《すあな》に持《も》ち帰《かえ》り、ヒナにあたえます。羽《はね》が小《ちい》さく水中《すいちゅう》を飛《と》ぶように泳《およ》ぐのですが、その分《ぶん》空《そら》を飛《と》ぶときはバタバタと騒《さわ》がしく、少々不格好《しょうしょうぶかっこう》です。かわいそうなのは、一生懸命《いっしょうけんめい》とってきた魚《さかな》をカモメに横取《よこど》りされてしまうことです。だから、地面《じめん》に着地《ちゃくち》するとドタドタと素早《すばや》く巣穴《すあな》に入《はい》ります。

パフィンが陸地《りくち》にあがるのは、子育《こそだ》てをするときだけで、それ以外《いがい》の時期《じき》はずっと海《うみ》の上《うえ》に浮《う》かんで生活《せいかつ》をするのです。嵐《あらし》のときなどどうしているのだろうと心配《しんぱい》になりますが、パフィンにとってみれば、魚《さかな》もすぐに食《た》べられるし敵《てき》に襲《おそ》われにくい、安全《あんぜん》で快適《かいてき》な環境《かんきょう》なのです。

アトランティックパフィン ATLANTIC PUFFIN

ウミスズメ科の鳥類です。体の大きさは35センチほどです。北大西洋や北極海などにすんでいます。くちばしの根元の黄色い部分はやわらかくなっていて、口を大きく開けるのに役立っているそうです。大きな口で魚をたくさんくわえます。足には大きな水かきがあり泳ぎが得意です。

地面に穴を掘って巣にし、子育てをしています
▶ カナダ・ニューファンドランド島

エゾヒグマ

EZO BROWN BEAR

8

河口に集まったサケやマスを捕まえるヒグマたち

▶ 北海道・知床半島

知《し》床《とこ》で暮《く》らすエゾヒグマ

8

北海道《ほっかいどう》の東《ひがし》のはしに、今《いま》なお太古《たいこ》からの自然《しぜん》が色《いろ》濃《こ》く残《のこ》る知床半島《しれとこはんとう》があります。ここにはたくさんの野生動物《やせいどうぶつ》が生息《せいそく》していますが、食物連鎖《しょくもつれんさ》の頂点《ちょうてん》にあるのがエゾヒグマです。ヒグマは日本を代表《だいひょう》するとても大《おお》きな生《い》き物《もの》です。

オ

ホーツク海《かい》と根《ね》室海峡《むろかいきょう》にはさまれ、その大部《だいぶ》分《ぶん》を連《つら》なる山々《やまやま》でしめられた知床半島《しれとこはんとう》。山《やま》あいにはいくすじもの川《かわ》が流《なが》れ、秋《あき》になると大量《たいりょう》のサケやマスが産卵《さんらん》のために上流《じょうりゅう》に向《む》かいます。その魚《さかな》たちを目《め》当《あ》てに、山《やま》の奥《おく》からエゾヒグマがやってきます。

僕《ぼく》は北海道《ほっかいどう》にすむクマを見《み》てみたいと、ずっと思《おも》っていました。そしてある年《とし》の秋《あき》に、知床《しれとこ》を初《はじ》めて訪《おとず》れたのです。

クマたちは、川《かわ》や海岸沿《かいがんぞ》いで魚《さかな》をつかまえたり、草《くさ》や木《き》の実《み》やきのこを食《た》べたりしています。おなかがいっぱいになると草原《そうげん》で昼寝《ひるね》をしたり、仲間《なかま》や親《おや》子《こ》でじゃれあったりしています。

外国《がいこく》の圧倒的《あっとうてき》なスケールの自然《しぜん》と比《くら》べると、日本の自然《しぜん》は小《ちい》さくこぢんまりとしています。知床《しれとこ》も決《けっ》して大《おお》きな自然《しぜん》とは言《い》えないでしょう。海岸沿《かいがんぞ》いには、漁師《りょうし》が使《つか》う番屋《ばんや》と呼《よ》ばれる小屋《こや》が所々《ところどころ》に立《た》っているし、人々《ひとびと》の営《いとな》みも間近《まぢか》に感《かん》じられます。ですが、山深《やまぶか》い知床《しれとこ》は、野性《やせい》の気配《けはい》がとても濃密《のうみつ》なのです。

クマだけでなく、シカやキツネ、ワシやフクロウなど、ほかの地域《ちいき》では生息場所《せいそくばしょ》を追《お》われ、気《き》ままな暮《く》らしができなくなっていますが、ここ知床《しれとこ》の動物《どうぶつ》たちは、なんとなくゆったりと暮《く》らしているような気《き》がします。僕《ぼく》たち日本人《じん》だけでなく、世界中《せかいじゅう》の人々《ひとびと》にとって大切《たいせつ》な土地《とち》なのです。動物《どうぶつ》たちのこの貴重《きちょう》なすみかが、この先《さき》もあり続《つづ》けてほしいと願《ねが》わずにはいられません。

エゾヒグマ EZO BROWN BEAR

クマ科のほ乳類です。日本には2種類のクマが生息していて、本州、四国にいるニホンツキノワグマと北海道にすんでいるエゾヒグマです。森林や原野などで暮らしています。体長は150センチ～230センチ、体重は300キロ以上にもなります。雑食性で草木や木の実、魚類、昆虫などいろいろなものをエサにします。

力くらべのケンカをするエゾヒグマの若いきょうだい
▶ 北海道・知床半島

マウンテンゴリラ

MOUNTAIN GORILLA

9

マウンテンゴリラのおすは、年齢を重ねると背中の毛が銀色になり、
「シルバーバック」とよばれます

▶ ウガンダ・ブウィンディ原生国立公園

繊《せん》細《さい》で家《か》族《ぞく》思《おも》い　マウンテンゴリラ

9

赤道直下《せきどうちょっか》のアフリカ、ウガンダの密林《みつりん》では、マウンテンゴリラが家族《かぞく》を作《つく》って暮《く》らしています。背《せ》中《なか》が銀色《ぎんいろ》の毛《け》でおおわれた、シルバーバックと呼《よ》ばれるおすを中心《ちゅうしん》に、複《ふく》数《すう》のめすと子《こ》どもたちで形成《けいせい》されています。

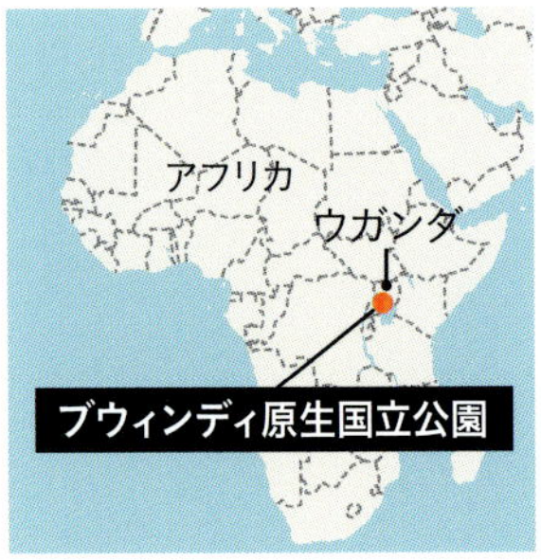

けわしいジャングルの道《みち》なき道《みち》の先《さき》に、ゴリラたちの暮《く》らす世界《せかい》は広《ひろ》がっていました。

ゴリラは主《おも》に植物《しょくぶつ》を食《た》べ、特《とく》に子《こ》どもたちは好奇《こうき》心《しん》が旺盛《おうせい》です。興味《きょうみ》を示《しめ》したのか、子《こ》どもがそばに寄《よ》ってきて、僕《ぼく》のズボンのすそを引《ひ》っ張《ぱ》ったかと思《おも》うと、興奮《こうふん》した様子《ようす》ですぐにはなれて行《い》きました。

おすのシルバーバックは体《からだ》が大《おお》きく、巨大《きょだい》な筋肉《きんにく》の塊《かたまり》で、近寄《ちかよ》るのはとてもこわいです。

少《すこ》しはなれたところからおすの写真《しゃしん》を撮《と》っていたら、目《め》の前《まえ》に赤《あか》ちゃんを連《つ》れた母《はは》ゴリラが顔《かお》を出《だ》しました。

絶好《ぜっこう》のチャンスだと思《おも》い、すかさずシャッターを4回《かい》切《き》りました。そのときです。母《はは》ゴリラにカメラを持《も》つ右腕《みぎうで》をつかまれてしまいました。びっくりした僕《ぼく》は母《はは》ゴリラと見《み》つめ合《あ》ったまま、どうしたら良《よ》いかわかりません。

すぐに写真《しゃしん》を撮《と》るのをやめて、カメラを下《お》ろしました。すると母《はは》ゴリラは僕《ぼく》の腕《うで》を、そっと離《はな》してくれました。たぶん母《はは》ゴリラは、写真《しゃしん》を撮《と》るのが近《ちか》すぎると、僕《ぼく》に注意《ちゅうい》をしたのでしょう。握《にぎ》る力《ちから》は強《つよ》くも弱《よわ》くもなく、ちゃんと手加減《てかげん》してくれたのです。

ゴリラに会《あ》う前《まえ》は、もしかしたら凶暴《きょうぼう》で野蛮《やばん》な生《い》き物《もの》かもしれないと少《すこ》しだけ思《おも》っていました。でも実際《じっさい》に会《あ》ったゴリラたちは、家族思《かぞくおも》いで争《あらそ》いごとを好《この》まない、繊細《せんさい》でおだやかな生《い》き物《もの》でした。僕《ぼく》はゴリラが大好《だいす》きになり、それ以来《いらい》、何度《なんど》も会《あ》いに行《い》くようになりました。

マウンテンゴリラ MOUNTAIN GORILLA

アフリカのコンゴ民主共和国、ウガンダ、ルワンダにまたがる、標高の高い山林地域にすんでいます。おすとめすによってちがいますが、体長は120センチ〜180センチ、体の重さは200キロにもなります。自然破壊や内戦などによって生息数は減り、絶滅が心配されている種に指定されています。

目の前に現れた母ゴリラ。この直後に腕をつかまれました

▶ ウガンダ・ブウィンディ原生国立公園

カリブー

CARIBOU

10

7月、ツンドラの原野に集まってきたカリブーたち

▶ アメリカ・アラスカ州

アラスカ原野《げんや》にカリブーの大群《たいぐん》

10

アラスカの原野《げんや》を舞台《ぶたい》に、毎年大移動《まいとしだいいどう》をくり返《かえ》す生《い》き物《もの》がいます。カリブーです。日本ではトナカイと呼《よ》ばれ、シカの仲間《なかま》で唯一《ゆいいつ》おすめす共《とも》に立派《りっぱ》なツノが生《は》えます。

ブルックス山脈《さんみゃく》の南《みなみ》で越冬《えっとう》をしていたカリブーが、春《はる》をむかえるとノーススロープを目指《めざ》して北上《ほくじょう》を始《はじ》めます。

小《ちい》さな群《む》れが旅《たび》の途中《とちゅう》で合流《ごうりゅう》をくり返《かえ》し、やがて数《すう》万頭《まんとう》の大群《たいぐん》を作《つく》ります。ツンドラの新芽《しんめ》や若葉《わかば》を大量《たいりょう》に食《た》べ、その間《あいだ》に子育《こそだ》ても行《おこな》います。

僕《ぼく》はカリブーの大移動《だいいどう》を見《み》たくて、雪解《ゆきど》けの終《お》わらない5月にノーススロープを訪《おとず》れました。ここには道《みち》が1本《ぽん》もないので、2人乗《の》りの小《ちい》さなプロペラ機《き》で空《そら》からカリブーを探《さが》しました。

しかし広大《こうだい》な原野《げんや》でカリブーを見《み》つけるのは容易《ようい》ではありません。何日《なんにち》探《さが》しても見《み》つかりませんでした。あきらめていったん日本に帰《かえ》った僕《ぼく》は、7月にもう一《いち》度《ど》やって来《き》ました。

大地《だいち》は若葉《わかば》が生《お》いしげり、様子《ようす》がまるで変《か》わっています。今度《こんど》こそはと願《ねが》いをこめて、飛行機《ひこうき》で探《さが》します。あるとき、遠《とお》くにゴマ粒《つぶ》のような物《もの》が目《め》に入《はい》りました。近《ちか》づいて行《い》くとそれはカリブーの群《む》れでした。ようやく出会《であ》えたカリブーの大群《たいぐん》。極北《きょくほく》の光《ひかり》を浴《あ》びて、大地《だいち》といっしょに黄金色《こがねいろ》に輝《かがや》いています。大群《たいぐん》をたどって飛《と》び続《つづ》けるうちに海《うみ》に出《で》ました。北極海《ほっきょくかい》です。もうこれ以上北《いじょうきた》に進《すす》むことはできません。地球《ちきゅう》のてっぺんがカリブーたちの終着点《しゅうちゃくてん》です。

アメリカのアラスカ北極《ほっきょく》圏《けん》。東西《とうざい》に連《つら》なるブルックス山脈《さんみゃく》から、北極海《ほっきょくかい》へと続《つづ》くノーススロープは、夏《なつ》になるとツンドラの大《だい》地《ち》からいっせいに若葉《わかば》が芽吹《めぶ》きます。その栄養豊《えいようほう》富《ふ》な若葉《わかば》を求《もと》め、カリブーたちが南《みなみ》からやって来《く》るのです。

カリブー CARIBOU

シカ科のほ乳類です。ユーラシア大陸や北アメリカに生息するもののうち、北アメリカにすむものがカリブーとよばれています。体の大きさは130～220センチぐらい、重さは60～200キロほどです。夏は褐色ですが、冬になると灰色になり、毛も長くなります。角は立派なものだと1メートルにもなります。

5月、移動中の数頭のグループ
▶ アメリカ・アラスカ州

ホロホロチョウ

HELMETED GUINEAFOWL

11

木の上のホロホロチョウ

▶ ケニア・マサイマラ国立保護区

飛《と》べない？ ホロホロチョウ

11

アフリカ、ケニアのサバンナは、そのほとんどが草原地帯《そうげんちたい》となっていますが、所々《ところどころ》にやぶや木々《きぎ》の密集《みっしゅう》した場所《ばしょ》があります。ホロホロチョウは、そんな場所《ばしょ》に好《この》んで暮《く》らしています。鳥《とり》なのに、飛《と》ぶのが苦手《にがて》な風変《ふうが》わりな生《い》き物《もの》です。

サバンナを車《くるま》で走《はし》っていると、草《くさ》の間《あいだ》から顔《かお》をのぞかせ、1羽《わ》もしくは数羽《すうわ》で、チョロチョロと小走《こばし》りに移動《いどう》するホロホロチョウを時々《ときどき》見《み》かけます。

外敵《がいてき》から身《み》を隠《かく》すために、やぶを利用《りよう》しているのでしょう。基本的《きほんてき》には飛《と》べないのですが、低《ひく》い木《き》の上《うえ》くらいまでなら勢《いきお》いで飛《と》び上《あ》がります。

アフリカ中南部《ちゅうなんぶ》の各地《かくち》に生息《せいそく》していて、それほどめずらしい生《い》き物《もの》ではないのですが、僕《ぼく》はホロホロチョウのことをとても気《き》に入《い》っています。丸々《まるまる》とした体形《たいけい》や、羽《はね》の水玉模様《みずたまもよう》、それになんといっても赤《あか》と青《あお》の強烈《きょうれつ》な色《いろ》みをした顔《かお》がまるで恐竜《きょうりゅう》のようで、それらの美《うつく》しい組《く》み合《あ》わせに、ジイッと見《み》入《い》ってしまいます。

食用《しょくよう》として各国《かっこく》で飼育《しいく》され、日本でもわずかですが、養殖《ようしょく》しているところがあるそうです。性格《せいかく》は割《わり》と臆病《おくびょう》な方《ほう》ですが、木《き》の上《うえ》で辺《あた》りをにらみつけながら、大《おお》きな声《こえ》で鳴《な》く姿《すがた》には、なかなか迫力《はくりょく》があります。やはり恐竜《きょうりゅう》のDNA《ディーエヌエー》(生物《せいぶつ》の遺伝情報《いでんじょうほう》のもとになるもの）が引《ひ》き継《つ》がれているのかな、なんて想像《そうぞう》をしてしまいます。

いろいろな生《い》き物《もの》たちを見《み》ていて、なぜこんな形《かたち》なのだろうとか、どうしてこんな模様《もよう》をしているのだろうとか、考《かんが》えれば考《かんが》えるほど不思議《ふしぎ》でわからないことだらけです。でも、この地球《ちきゅう》でいっしょに暮《く》らす仲間《なかま》たちそれぞれが、答《こた》えの見《み》つからない謎《なぞ》に満《み》ちているのです。

ホロホロチョウ HELMETED GUINEAFOWL

キジやニワトリに近い仲間です。アフリカのサハラ砂漠より南のサバンナに群れをつくってくらしています。体の大きさは50センチ前後です。頭は小さくて赤い小さなつののようなものがあります。体には白いはん点模様が広がっています。「ほろほろ」という声で鳴きます。草の種や昆虫などをえさにしています。

樹上で周りを見渡しながら、ときどき大声で鳴いていたホロホロチョウ
▶ ケニア・マサイマラ国立保護区

オジロワシ

WHITE-TAILED EAGLE

12

カレイをわしづかみにして大空を舞うオジロワシ

▶ 北海道・根室

魚《さかな》を狙《ねら》って北《きた》の海《うみ》へ オジロワシ

12

冬《ふゆ》が近《ちか》づいた北海道《ほっかいどう》では、オジロワシの姿《すがた》をあちらこちらで見《み》かけるようになります。日本にすみ着《つ》いている個体《こたい》も少《すこ》しだけいますが、その多《おお》くは春《はる》から秋《あき》までを過《す》ごしていたシベリアから、越冬《えっとう》のために渡《わた》ってくるのです。

オジロワシは日本に生息《せいそく》する鳥《とり》のなかで、最《もっと》も大《おお》きな体《からだ》をしているものの一つです。

ワシやタカ、フクロウなどを猛禽類《もうきんるい》といいますが、ほ乳動物《にゅうどうぶつ》やほかの鳥類《ちょうるい》、魚《さかな》などを、するどいかぎ爪《づめ》でおそって食《た》べます。僕《ぼく》は体《からだ》が大《おお》きくてたくましい顔《かお》をした猛禽類《もうきんるい》が好《す》きで、オジロワシも冬《ふゆ》が訪《おとず》れるたびに撮影《さつえい》をしています。

北海道《ほっかいどう》の東《ひがし》の地域《ちいき》は、スケトウダラ漁《りょう》が盛《さか》んで、漁船《ぎょせん》が落《お》とすおこぼれのタラを狙《ねら》ってオジロワシが集《あつ》まります。シベリアから流《なが》れ着《つ》く流氷《りゅうひょう》で埋《う》めつくされる真冬《まふゆ》の海《うみ》では、魚《さかな》を狩《か》ることができず、昔《むかし》はアザラシなどの死肉《しにく》を食《た》べたりしていました。しかしタラ漁《りょう》が行《おこな》われるようになると、漁船《ぎょせん》が落《お》とすタラをかんたんに得《え》ることができるので、そのような習慣《しゅうかん》が定着《ていちゃく》したのです。

野生《やせい》の生《い》き物《もの》たちですが、こうした人間《にんげん》の営《いとな》みに支《ささ》えられていることも多《おお》いのです。これもまた共生《きょうせい》といってよいのかもしれません。

ただ最近《さいきん》は、自然《しぜん》の形態《けいたい》を変《か》えるほど増《ふ》えすぎたエゾシカを、ハンターが銃《じゅう》で仕留《しと》めて放置《ほうち》し、その死肉《しにく》を求《もと》めて山《やま》に行《い》くオジロワシが多《おお》くなりました。弾《たま》には鉛《なまり》が使《つか》われており、その鉛《なまり》を食《た》べたオジロワシが、中毒《ちゅうどく》で死《し》んでしまうケースが増《ふ》えたのです。動物《どうぶつ》たちとの共生《きょうせい》は、一つのことを見《み》るだけでは不十分《ふじゅうぶん》で、一つのことがほかのことにもつながっていることをしっかりと考《かんが》えなければならないのです。

オジロワシ WHITE-TAILED EAGLE

タカ科の鳥で、ユーラシア大陸北部に広くすんでいます。ヨーロッパや西アジア、東アジアで冬を越します。北海道や本州北部にもやってきます。翼を広げると240センチにもなります。国の天然記念物で、絶滅が心配されている種にも指定されています。主に魚類を食べて、木の上などに巣をつくります。

魚をキャッチする態勢に入った
▶ 北海道・根室

ニホンイノシシ

WILD BOAR

13

山の斜面でにおいをかぎながら食物を探すニホンイノシシ

▶ 兵庫県・六甲山

イノシシ、食《しょく》を求《もと》め山《やま》歩《ある》き

13

兵庫県《ひょうごけん》の六甲山《ろっこうさん》には、昔《むかし》からたくさんのイノシシがすんでいます。かたい葉《は》は消化《しょうか》できないので、新芽《しんめ》や新葉《しんば》、どんぐりやヤマイモ、ミミズや昆虫《こんちゅう》などを好《この》みます。食《た》べ物《もの》を探《さが》して一日中《いちにちじゅう》、山《やま》の中《なか》を歩《ある》き回《まわ》っています。

日本にはトラやチーターのような大型《おおがた》の肉食《にくしょく》獣《じゅう》はいません。色《いろ》みや、姿形《すがたかたち》の地味《じみ》な動物《どうぶつ》が多《おお》いです。イノシシもそんな生《い》き物《もの》かもしれませんが、野性《やせい》みのあふれる存在感《そんざいかん》が、僕《ぼく》はとても好《す》きです。

5月になると赤《あか》ちゃんが生《う》まれます。体《からだ》にスイカのようなしまもようがあるため、ウリ坊《ぼう》と呼《よ》ばれます。多《おお》いときは10頭《とう》ほど生《う》まれますが、母《はは》イノシシの子育《こそだ》てはとても厳《きび》しく、気《き》がのらないと授乳《じゅにゅう》をしないし、ウリ坊《ぼう》が食《た》べ物《もの》を見《み》つけると、飛《と》んできて鼻面《はなづら》ではねのけ、横取《よこど》りしたりします。

ウリ坊《ぼう》たちは秋《あき》ごろになると、病気《びょうき》やけがなどで2〜3頭《とう》にまで数《かず》を減《へ》らしてしまいます。たくさん生《う》まれても、成長《せいちょう》できる子《こ》どもは少《すく》ないのです。もしすべてのウリ坊《ぼう》が成長《せいちょう》できたら、この山《やま》の食《た》べ物《もの》は足《た》りなくなるかもしれません。きっと、自然《しぜん》の法則《ほうそく》がバランスをとっているのでしょう。

イノシシは脚《あし》が短《みじか》いので、雪深《ゆきぶか》いところは苦手《にがて》です。ですが最近《さいきん》は気候変動《きこうへんどう》の影響《えいきょう》なのか、雪《ゆき》の降《ふ》る量《りょう》が減《へ》り、それに合《あ》わせてイノシシの生息域《せいそくいき》も北上《ほくじょう》しています。これまでいなかった北国《きたぐに》の山《さん》頂《ちょう》にまで姿《すがた》を現《あらわ》すようになりました。

街中《まちなか》に出《で》てきたり、農作物《のうさくぶつ》を食《た》べたりしてしまうので、人々《ひとびと》の生活《せいかつ》に対《たい》する被害《ひがい》も大《おお》きいのですが、人間《にんげん》がイノシシの生息環境《せいそくかんきょう》をうばっているのもひとつの原因《げんいん》です。共《とも》に生《い》きる環境《かんきょう》づくりを、少《すこ》しでも早《はや》く考《かんが》えなければなりません。

ニホンイノシシ WILD BOAR

イノシシ科の動物です。イノシシの仲間はアフリカやヨーロッパ、アジアに広く生息します。日本では本州、四国、九州に広く分布するニホンイノシシと、奄美・沖縄の島々に生息するリュウキュウイノシシがいます。ニホンイノシシは体重60〜100キロほどです。雑食でイモなど植物の根っこやドングリ、昆虫などを食べます。

ウリ坊を引き連れ、川ぞいに現れた母イノシシ
▶ 兵庫県・六甲山

チンパンジー

CHIMPANZEE

14

樹上でイチジクの実を食べるチンパンジーの親子

▶ ウガンダ・キバレ森林国立公園

人間《にんげん》に一番《いちばん》近《ちか》いチンパンジー

14

アフリカのウガンダ、ほぼ赤道直下《せきどうちょっか》のキバレの森《もり》には、たくさんのチンパンジーがすんでいます。木《き》の実《み》を割《わ》ったり、アリを巣穴《すあな》から釣《つ》る道具《どうぐ》を作《つく》って使《つか》ったり、多様《たよう》なあいさつ方法《ほうほう》をもっていたりするチンパンジーは、最《もっと》も人間《にんげん》に近《ちか》い野生動物《やせいどうぶつ》です。

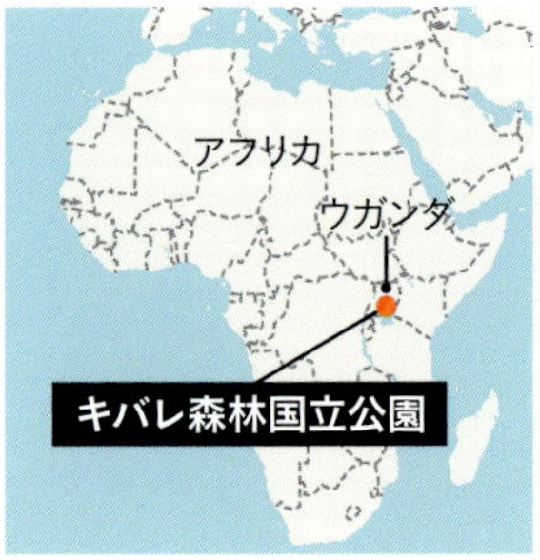

早《そう》朝《ちょう》のまだ薄暗《うすぐら》いうちから、森《もり》のなかへと入《はい》って行《い》きます。湿度《しつど》が高《たか》く、しばらく歩《ある》くと汗《あせ》がふき出《だ》します。ですがいくら暑《あつ》くても、枝《えだ》をかき分《わ》けて進《すす》んでけがをしたり、虫《むし》に刺《さ》されたりしないために、長袖《ながそで》の服《ふく》を着《き》ていないといけません。

チンパンジーの群《む》れは、前日《ぜんじつ》の日暮《ひぐ》れに登《のぼ》っていたイチジクの大木《たいぼく》に、今朝《けさ》もいました。ここで一晩《ひとばん》を過《す》ごし、そろそろ移動《いどう》しようとしていたところです。チンパンジーを追《お》いかけるのは大変《たいへん》です。木々《きぎ》が密集《みっしゅう》した森《もり》のなかは、上《のぼ》り下《くだ》りが激《はげ》しく、人《ひと》にとっては歩《ある》きづらいものです。1日《にち》が終《お》わるとヘトヘトになります。

同《おな》じ大型類人猿《おおがたるいじんえん》の仲間《なかま》でも、ゴリラはほとんど植物《しょくぶつ》しか食《た》べません。チンパンジーの方《ほう》は狩猟《しゅりょう》をし、肉《にく》を食《た》べます。ふだんは木《き》の実《み》を食《た》べることが多《おお》いのですが、僕《ぼく》は偶然《ぐうぜん》に、テナガザルを捕《つか》まえるところを見《み》ました。

腕《うで》の皮《かわ》をはぎ、肉《にく》を食《た》べ、仲間《なかま》どうしで激《はげ》しく奪《うば》い合《あ》っています。サルを食《た》べるチンパンジー。見《み》てはいけない光景《こうけい》を見《み》てしまったような衝撃《しょうげき》を受《う》け、人間《にんげん》の姿《すがた》が重《かさ》なりました。

人間《にんげん》は平和《へいわ》を求《もと》めますが、ときに戦争《せんそう》をしてお互《たが》いを傷《きず》つけあいます。同《おな》じような感覚《かんかく》が、チンパンジーにもあるように思《おも》いました。

これは僕個人《ぼくこじん》の感想《かんそう》ですが、人《ひと》の言葉《ことば》を理解《りかい》するほど、知能《ちのう》の高《たか》いチンパンジーのことです。そのような意味《いみ》でも、人間《にんげん》に近《ちか》いと感《かん》じるのです。

チンパンジー CHIMPANZEE

ヒト科の大型類人猿です。アフリカ西部から中部の森などにすんでいます。背の高さは1.5メートルほどになります。数頭から数十頭ぐらいの集団で生活し、雑食性で木の実や葉、昆虫などを食べます。夜は木の上でねむります。森林開発や密猟で数が減り、絶滅が心配されています。

移動の途中で休んでいるおす
▶ ウガンダ・キバレ森林国立公園

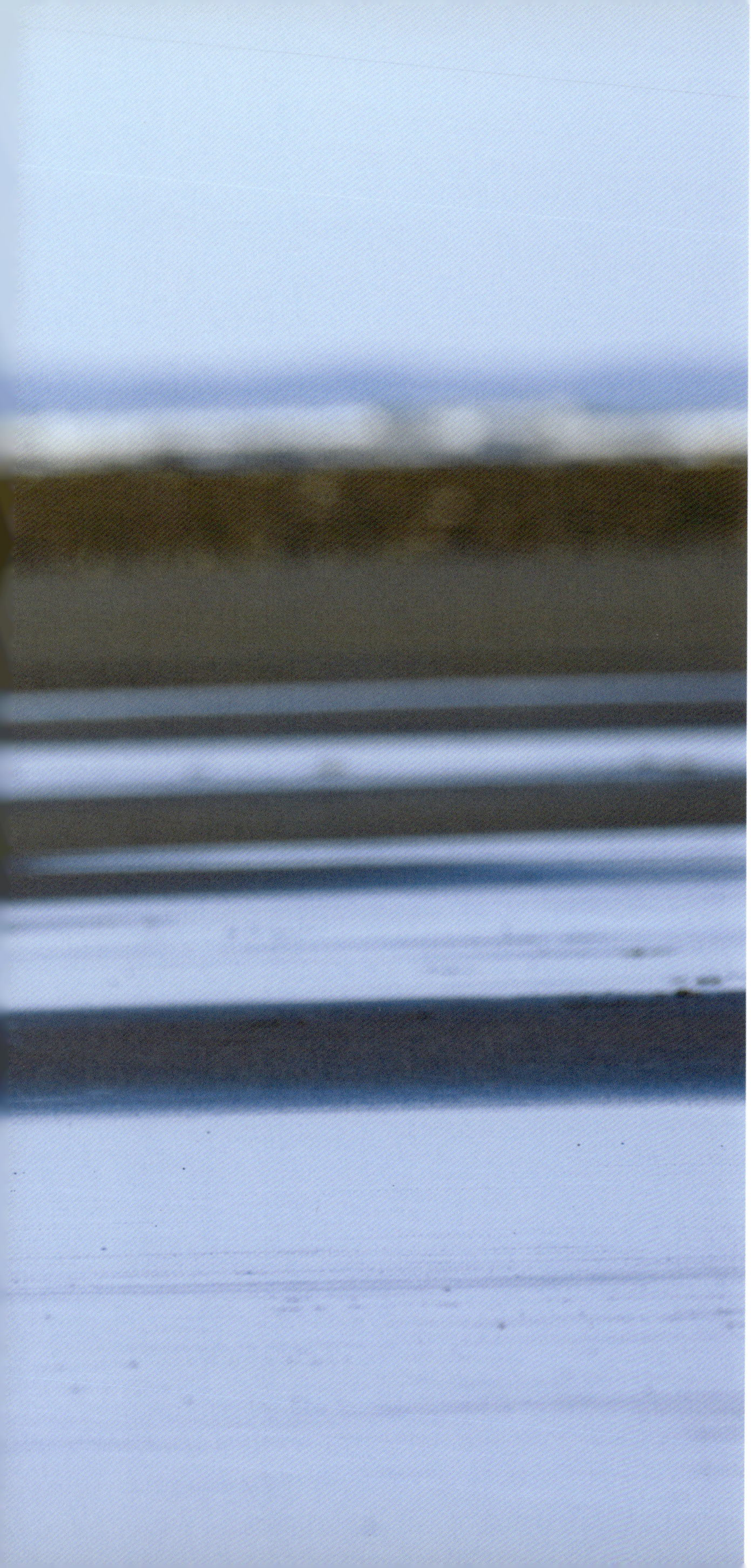

ベアードバク

CENTRAL AMERICAN TAPIR

15

波打ち際を歩く目つきの鋭いオスのベアードバク

▶ コスタリカ・沿岸部

不《ふ》思《し》議《ぎ》な生《い》き物《もの》 ベアードバク

15

これまで北《きた》アメリカ（北米《ほくべい》）には何度《なんど》も行《い》きましたが、中米《ちゅうべい》や南米《なんべい》は一度《いちど》も訪《おとず》れたことがありませんでした。そのなかで、前《まえ》から気《き》になっていた国《くに》が中米《ちゅうべい》コスタリカです。

地球上《ちきゅうじょう》の生物種《せいぶつしゅ》の約《やく》5%《パーセント》が生息《せいそく》するとされ、環境《かんきょう》保護《ほご》を優先《ゆうせん》し、軍隊《ぐんたい》を持《も》たず、世界《せかい》のなかで率先《そっせん》して平和《へいわ》な国《くに》づくりを実践《じっせん》しているのです。

風変《ふうが》わりな生《い》き物《もの》たちもたくさんすんでいます。ベアードバクもそのうちの一つです。ウマのようでもあり、ブタのようでもあり、なんだかいろいろな動物《どうぶつ》がごちゃまぜになったような不思議《ふしぎ》な生《い》き物《もの》です。

バクのすむ海辺《うみべ》の森《もり》は湿度《しつど》が高《たか》く、ものすごく暑《あつ》いので、日中《にっちゅう》は森《もり》の中《なか》で寝《ね》ています。僕《ぼく》は早朝《そうちょう》の海《かい》岸《がん》で、バクが出《で》て来《く》るのを待《ま》ちました。すると遠《とお》くの方《ほう》からバクが波打《なみう》ち際《ぎわ》を歩《ある》いてきました。体《からだ》が大《おお》きく、歩《ある》くのも速《はや》いです。ときどき、プールのような潮《しお》だまりに体《からだ》をしずめています。体温《たいおん》を下《さ》げるのと、寄生虫《きせいちゅう》などを取《と》るためです。

カメラを構《かま》える僕《ぼく》をちらっと横目《よこめ》で見《み》て、真横《まよこ》を通《とお》り過《す》ぎて行《い》きました。ジッとしていれば、襲《おそ》ってくることはないようです。日本では、バク（貘《ばく》）は夢《ゆめ》を食《た》べる動物《どうぶつ》と伝《つた》えられています。現地《げんち》の人《ひと》に聞《き》くと、そんな話《はなし》は聞《き》いたことがないと言《い》われました。

貘《ばく》は、昔《むかし》の中国《ちゅうごく》で生《う》み出《だ》された伝説《でんせつ》の生《い》き物《もの》ですが、一説《いっせつ》によると、本物《ほんもの》のバクがモデルになっているとも言《い》われています。

北《きた》アメリカと南《みなみ》アメリカを橋《はし》のようにつなぐ中央《ちゅうおう》アメリカ。赤道《せきどう》から少《すこ》し北《きた》に位置《いち》し、南《みなみ》は太平洋《たいへいよう》、北《きた》はカリブ海《かい》にはさまれた小《ちい》さな国《くに》がコスタリカです。熱帯《ねったい》の海《うみ》から、富士山《ふじさん》より高《たか》い冷涼《れいりょう》な山岳《さんがく》地帯《ちたい》まで続《つづ》く、変化《へんか》にとんだ土地《とち》です。

ベアードバク CENTRAL AMERICAN TAPIR

バク科の生き物で、中央アメリカ地域を中心にくらしています。木の葉や果実、草などを食べます。体の大きさは約200センチ、重さは200キロ以上にもなります。森林や沼などの水辺の近くにも生息します。絶滅が心配される種に指定されています。

海岸沿いに広がるジャングルがすみか

▶ コスタリカ・沿岸部

ブチハイエナ

SPOTTED HYENA

16

オグロヌーを捕らえて食べるブチハイエナ

▶ タンザニア・セレンゲティ国立公園

サバンナの掃除人《そうじにん》 ハイエナ

16

アフリカ大陸《たいりく》の東《ひがし》、赤道《せきどう》の少《すこ》し南側《みなみがわ》にあるのがタンザニアです。この国《くに》の北部《ほくぶ》に、アフリカの中《なか》でも特《とく》に有名《ゆうめい》なセレンゲティ国立公園《こくりつこうえん》があります。そのほとんどが草原地帯《そうげんちたい》であり、多《おお》くの生《い》き物《もの》が生息《せいそく》しています。

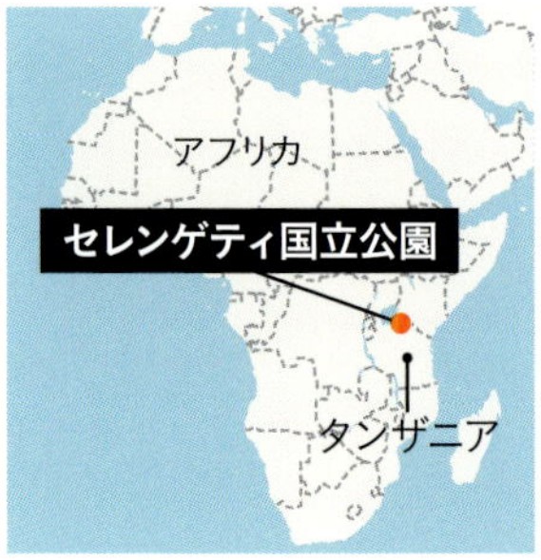

集《しゅう》団《だん》になれば、ライオンさえもけちらしてしまうハイエナは、何《なん》でも食《た》べてしまうサバンナの掃除人《そうじにん》です。

イヌの仲間《なかま》に見《み》えますが、学問上《がくもんじょう》はネコ寄《よ》りに分類《ぶんるい》されています。奇怪《きかい》な鳴《な》き声《ごえ》をあげ、腰《こし》を低《ひく》くした独特《どくとく》の歩《ある》きかたで、ほかの肉食獣《にくしょくじゅう》がつかまえた獲物《えもの》を横取《よこど》りしたり、食《た》べ残《のこ》した腐肉《ふにく》をあさったりします。

そのようなイメージから、人《ひと》の行動《こうどう》に対《たい》して、「ハイエナのようなやつだ」とあまり良《よ》くない形容《けいよう》の意味《いみ》で使《つか》われたりします。

ですが、僕《ぼく》が実際《じっさい》に目《め》にしたハイエナたちの印象《いんしょう》は、少《すこ》しちがいます。肉食獣《にくしょくじゅう》が生《い》き残《のこ》るためには、ほかの肉食獣《にくしょくじゅう》との競争《きょうそう》に勝《か》たなければなりません。横取《よこど》りするのも当然《とうぜん》のことであり、そうした分《ぶん》もふくめてうまく自然界《しぜんかい》のバランスがとれています。

骨《ほね》をかみくだく強《つよ》いあごを持《も》ち、何《なん》でも消化《しょうか》する能力《のうりょく》の高《たか》い内臓《ないぞう》を持《も》つハイエナは、ほかの肉食《にくしょく》獣《じゅう》が残《のこ》す骨《ほね》や皮《かわ》などもきれいに食《た》べてしまいます。草原《そうげん》を清潔《せいけつ》に保《たも》つことにも役立《やくだ》っているのです。

そして忘《わす》れてならないのが、ライオンやチーターと比《くら》べても、負《ま》けず劣《おと》らず優秀《ゆうしゅう》なハンターということです。それに、これは僕《ぼく》の思《おも》い入《い》れが強《つよ》いだけですが、ハイエナの子《こ》どもたちはとてもかわいいし、大人《おとな》だってよく見《み》れば愛嬌《あいきょう》のある顔《かお》をしていると思《おも》います。腰《こし》を低《ひく》くした姿《すがた》なども、僕《ぼく》はいつもカッコイイなと思《おも》いながらながめています。

ブチハイエナ SPOTTED HYENA

サハラ砂漠より南にすむハイエナ科の生き物です。体の大きさは100〜160センチぐらい、体重は50〜80キロぐらいです。広い草原でくらし、昼間は巣穴や木の陰、水辺にひそんでいます。夜になるとヌーやシマウマなどの狩りに出かけます。魚、カメ、ヘビなど、さまざまな生き物を食べます。

巣穴のそばで、あどけない表情をみせる子ども
▶ タンザニア・セレンゲティ国立公園

ベンガルトラ

BENGAL TIGER

17

屋根のない車からトラの撮影をします

▶ インド・バンダウガル国立公園

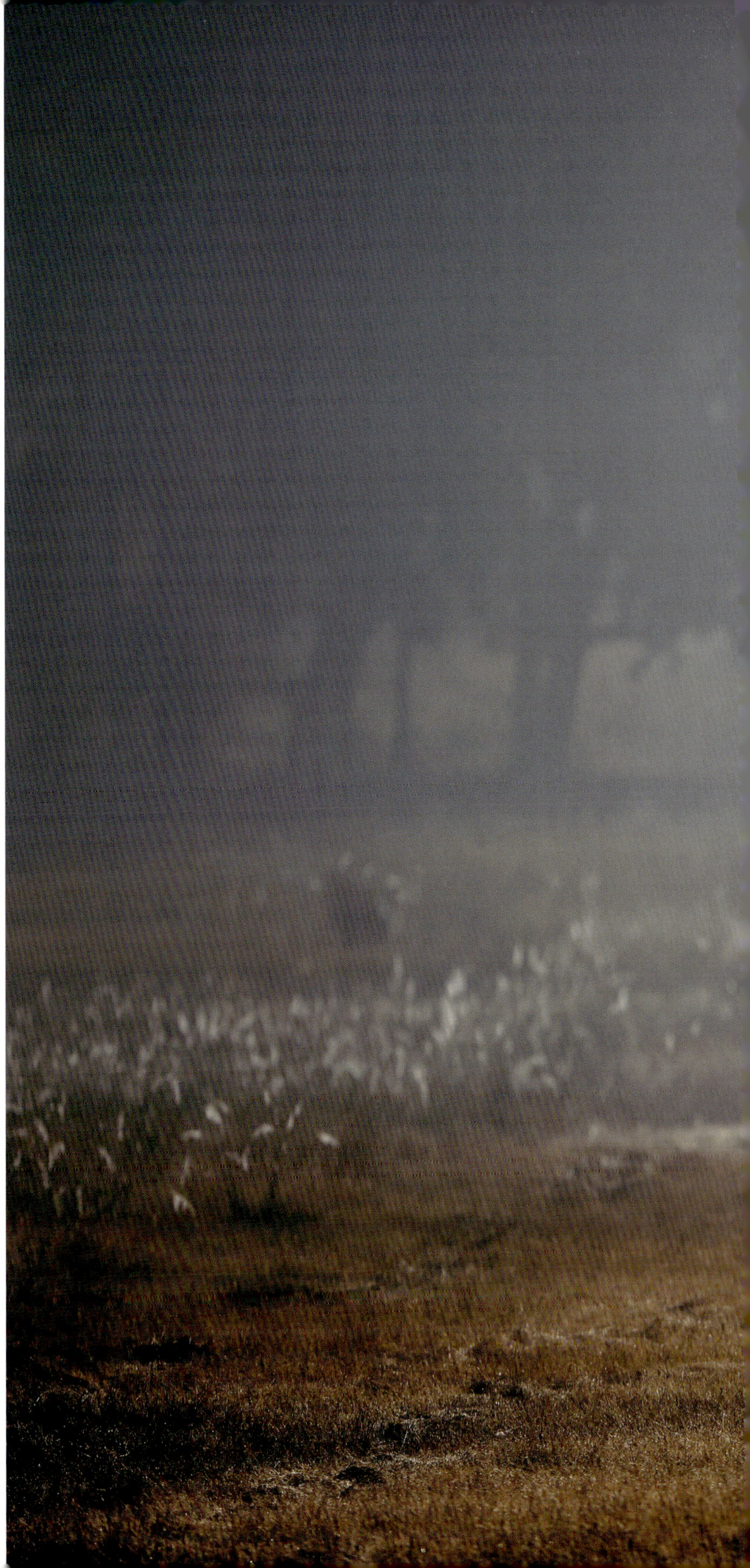

世《せ》界《かい》の2大《だい》肉《にく》食《しょく》獣《じゅう》 トラ

17

インドはユーラシア大陸《たいりく》の南部《なんぶ》にあり、国土《こくど》の大《たい》半《はん》がインド洋《よう》に突《つ》き出《で》た半島《はんとう》のような国《くに》です。世《せ》界第《かいだい》7位《い》の面積《めんせき》で人口《じんこう》は13億人以上《おくにんいじょう》もいます。ひし形《がた》のような国土《こくど》の中心《ちゅうしん》部《ぶ》に、トラのすむバンダウガル国立公園《こくりつこうえん》はあります。

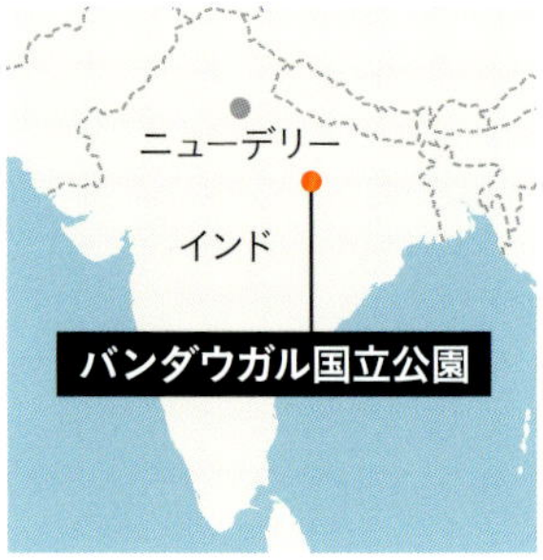

密《みつ》林《りん》の王《おう》と呼《よ》ばれるトラは、百獣《ひゃくじゅう》の王《おう》と呼《よ》ばれるライオンと共《とも》に、世界《せかい》の2大肉食獣《だいにくしょくじゅう》といってもよいでしょう。群《む》れで暮《く》らすライオンとちがい、トラは繁殖期《はんしょくき》や子育《こそだ》ての時期《じき》をのぞき、基本的《きほんてき》には単独《たんどく》で暮《く》らしています。

北《きた》のシベリアから東南《とうなん》アジアの方《ほう》まで、広大《こうだい》な範《はん》囲《い》が生息地《せいそくち》ですが、100年前《ねんまえ》には10万頭《まんとう》いたとされる9亜種《あしゅ》のうち3亜種《あしゅ》が絶滅《ぜつめつ》し、現在《げんざい》の生息数《せいそくすう》は3000頭台《とうだい》と激減《げきげん》し、絶滅《ぜつめつ》の一途《いっと》をたどっています。

僕《ぼく》は野生《やせい》に生《い》きるトラを見《み》てみたいと思《おも》い、6亜《あ》種《しゅ》のうちもっとも数多《かずおお》く生存《せいぞん》しているベンガルトラに会《あ》いにインドを訪《たず》ねました。

トラのすむジャングルは、日中《にっちゅう》は暖《あたた》かいのですが、朝晩《あさばん》はものすごく寒《さむ》いです。日《ひ》の出《で》とともにジャングルに入《はい》って毎日《まいにち》トラを探《さが》しました。しかし、全然《ぜんぜん》見《み》つけることができません。現地《げんち》の人《ひと》に話《はなし》を聞《き》くと、年々《ねんねん》見《み》ることが難《むずか》しくなっているそうです。

それでもあきらめずに毎日探《まいにちさが》していると、はるか遠《とお》くにいる姿《すがた》を見《み》ることができました。もっと近《ちか》くで見《み》たいのですが、チャンスがなかなかありません。もう無理《むり》かなと思《おも》ったある日《ひ》、ジャングルのなかで車《くるま》を止《と》めていると、突然背後《とつぜんはいご》のやぶから若《わか》いトラが姿《すがた》を現《あらわ》しました。僕《ぼく》は急《いそ》いでカメラを向《む》けてシャッターを切《き》りました。トラと僕《ぼく》との距離《きょり》は7メートル位《くらい》です。願《ねが》いがかない、あきらめないでよかったとつくづく思《おも》いました。

ベンガルトラ BENGAL TIGER

トラは東南アジアやシベリア地方の一部にくらすネコ科の生き物で、インドにすむものがベンガルトラです。体長は240〜310センチほど、体重は130〜260キロにもなります。おもに夜活動し、シカやイノシシなどをとらえてエサにします。黄褐色の体に黒いしま模様は、草むらの中にとけこみ、獲物から見つかりにくくなっています。

藪から現れた若いベンガルトラ

▶ インド・バンダウガル国立公園

ダチョウ

OSTRICH

18

あたりを見回し草原を歩く大きなオス

▶ ケニア・マサイマラ国立保護区

足《あし》は速《はや》いが飛《と》べないダチョウ

18

草原《そうげん》を走《はし》り回《まわ》る、鳥《とり》なのに飛《と》べない風変《ふうが》わりな生《い》き物《もの》であるダチョウ。平《へい》胸類《きょうるい》または走鳥類《そうちょうるい》などと呼《よ》ばれ、仲間《なかま》には南《みなみ》アメリカのレア、オーストラリアなどにいるエミューやヒクイドリ、ニュージーランドのキーウィなどがいます。

アフリカのサバンナで、はるかかなたにいてもよく目立《めだ》つ生《い》き物《もの》がいます。ダチョウです。

ダチョウは世界中《せかいじゅう》の鳥《とり》の仲間《なかま》で最《もっと》も体《からだ》が大《おお》きく、飛《と》べません。そのかわり、皮膚《ひふ》がむき出《だ》しになった長《なが》くて強靭《きょうじん》な脚《あし》は、時速《じそく》50キロものスピードを生《う》み出《だ》します。そして、たとえ肉食動物《にくしょくどうぶつ》に追《お》われても、延々《えんえん》と逃《に》げ切《き》ることができる持久力《じきゅうりょく》があります。そんなところは、渡《わた》り鳥《どり》が何千《なんぜん》キロも飛《と》び続《つづ》けるのと似《に》ています。

大《おお》きいおすになると地面《じめん》から頭《あたま》のてっぺんまで2・5メートルもあります。つやつやとした羽毛《うもう》や、ボツボツとした皮膚《ひふ》も存在感《そんざいかん》があり、近《ちか》くで見《み》るとまるで恐竜《きょうりゅう》のようです。ですが、小《ちい》さな頭《あたま》に大《おお》きな丸《まる》い目《め》と幅広《はばびろ》の口《くち》が、愛嬌《あいきょう》のある表情《ひょうじょう》をかもし出《だ》しています。

体《からだ》だけでなく卵《たまご》も鳥《とり》の仲間《なかま》では最大《さいだい》ですが、不思議《ふしぎ》なことに、親鳥《おやどり》の体《からだ》と卵《たまご》の大《おお》きさを比較《ひかく》すると、鳥《とり》の中《なか》で最《もっと》も小《ちい》さな比率《ひりつ》なのです。

ダチョウは肉《にく》も卵《たまご》もおいしいため、昔《むかし》から人々《ひとびと》に食《た》べられてきました。そのため、アラビアでは絶滅《ぜつめつ》してしまい、現在《げんざい》はアフリカの限《かぎ》られた地域《ちいき》でのみ生《い》きています。しかし、数《かず》はかなりいるので、アフリカにおいての絶滅《ぜつめつ》の危機《きき》は、今《いま》のところ心配《しんぱい》ありません。

風変《ふうが》わりな姿形《すがたかたち》をしたダチョウですが、見《み》るほどにその魅力《みりょく》を発見《はっけん》し、引《ひ》きこまれます。そして生《い》き物《もの》がもつ多様性《たようせい》に、あらためて驚《おどろ》いてしまいます。

ダチョウ OSTRICH

ダチョウ科の鳥で、アフリカのサバンナなどに生息しています。体の重さは100〜160キロほどです。数羽から数十羽のむれをつくって生活します。足の指は2本で、先に大きな爪があります。爪は馬のひづめのように指を保護しています。ダチョウの敵には大きな卵をねらうジャッカルなどがいます。

どこか恐竜を思わせるするどい表情
▶ ケニア・マサイマラ国立保護区

エゾナキウサギ

JAPANESE PIKA

19

高山植物のイワブクロを食べるエゾナキウサギ

▶ 北海道・大雪山系

19 氷《ひょう》河《が》期《き》を生《い》き残《のこ》る エゾナキウサギ

北海道《ほっかいどう》の中央部《ちゅうおうぶ》には標高《ひょうこう》2291メートルの旭岳《あさひだけ》を頂点《ちょうてん》とし、山々《やまやま》の連《つら》なる大雪山系《だいせつざんけい》が広《ひろ》がります。山上《さんじょう》には岩《いわ》が積《つ》み重《かさ》なったガレ場《ば》と呼《よ》ばれる場所《ばしょ》があり、すずしい土地《とち》でしか生《い》きられないエゾナキウサギの貴重《きちょう》なすみかとなっています。

氷《ひょう》河期《がき》の生《い》き残《のこ》りといわれる生《い》き物《もの》がいます。日本では、北海道《ほっかいどう》の高地《こうち》だけにすむエゾナキウサギです。いったいどんな生《い》き物《もの》なのかを知《し》りたくて、僕《ぼく》はある年《とし》の秋《あき》に北海道《ほっかいどう》の大雪山系《だいせつざんけい》を訪《おとず》れました。

標高《ひょうこう》1千メートルほどの中腹《ちゅうふく》にあるガレ場《ば》には、北《きた》の国《くに》や高山《こうざん》でよくかぐ植物《しょくぶつ》の甘《あま》い香《かお》りがただよっています。あたりで耳《みみ》をすますと、キチーキチー、ピュルルルッ、という金属音《きんぞくおん》のような鳴《な》き声《ごえ》が聞《き》こえてきます。ナキウサギの声《こえ》です。

はじめはどこにいるのか姿《すがた》が見《み》えませんでしたが、しばらくして岩《いわ》のすき間《ま》から顔《かお》を出《だ》しているのを見《み》つけました。人《ひと》の手《て》のひらに乗《の》るほど小《ちい》さいので、慣《な》れないうちは見《み》つけにくいのですが、目《め》をこらしてあたりを見《み》ているうちに、見《み》つけるのが上手《じょうず》になってきました。

この地域《ちいき》は冬《ふゆ》になると10メートルくらいの雪《ゆき》が積《つ》もります。冬眠《とうみん》をしないナキウサギは春《はる》から秋《あき》にかけて、花《はな》や草《くさ》などの植物《しょくぶつ》をせっせと集《あつ》めて巣穴《すあな》に持《も》ち帰《かえ》り、長《なが》い冬《ふゆ》ごもりの保存食《ほぞんしょく》にします。つぶらなひとみでかわいらしい顔《かお》をしていますが、いてつく冬《ふゆ》を乗《の》り越《こ》える、たくましい生命力《せいめいりょく》を秘《ひ》めています。

マンモスのような巨大《きょだい》な動物《どうぶつ》が絶滅《ぜつめつ》してしまった氷河期《ひょうがき》ですが、どうしてこんなに小《ちい》さくてかわいらしい動物《どうぶつ》が生《い》き延《の》びることができたのでしょう。ナキウサギは見《み》た目《め》では判断《はんだん》できない、複雑《ふくざつ》な生命《せいめい》の仕組《しく》みを解《と》き明《あ》かしてくれるのかもしれませんね。

エゾナキウサギ JAPANESE PIKA

ナキウサギ科の小型のほ乳類です。北海道の中央部などの山で、岩がゴロゴロしている場所のすき間にすんでいます。おもに朝夕に活動します。体の大きさは10〜20センチ、耳の長さは約1.5センチほどです。よく鳴き、植物の葉、くき、花などを食べます。天敵はキツネやオコジョなどです。

ときどき岩場に登り、あたりをながめます

▶ 北海道・人雪山系

メジロ

JAPANESE WHITE-EYE

20

桜の木で青虫をついばむメジロ

▶ 東京都・八王子市

20

若《わか》葉《ば》にとけこむ　メジロ

東京《とうきょう》の郊外《こうがい》にある公園《こうえん》で見《み》つけたメジロ。落《お》ち着《つ》いた黄緑色《きみどりいろ》の体《からだ》に、白《しろ》い目《め》の縁取《ふちど》りが目立《めだ》ちます。留鳥《りゅうちょう》なので一年《いちねん》を通《とお》して見《み》ることができますが、木々《きぎ》に花咲《はなさ》く季節《きせつ》は、活《かっ》発《ぱつ》に飛《と》び回《まわ》る姿《すがた》がとくに印象的《いんしょうてき》です。

私《わたし》たちが春《はる》が来《き》たと感《かん》じるのは、やはり桜《さくら》の花《はな》がさき始《はじ》めたときでしょう。気温《きおん》はまだまだ低《ひく》いことが多《おお》いですが、あわいピンク色《いろ》にいろどられた野山《のやま》や街《まち》や公園《こうえん》は、地味《じみ》な色彩《しきさい》の冬《ふゆ》とは打《う》って変《か》わり、とてもはなやかな世界《せかい》に様変《さまが》わりします。

満開《まんかい》を過《す》ぎ、花《はな》びらが散《ち》るころになると気温《きおん》もだいぶ暖《あたた》かくなり、毎日《まいにち》が春《はる》の陽気《ようき》に満《み》たされます。うき足立《あしだ》つような気配《けはい》にさそわれて、僕《ぼく》も近《ちか》くの里《さと》山《やま》を訪《おとず》れてみました。

花《はな》を散《ち》らした桜《さくら》は小《ちい》さな果実《かじつ》をみのらせ始《はじ》め、初々《ういうい》しくかがやく若葉《わかば》を広《ひろ》げています。そのこずえをいそがしく飛《と》び回《まわ》る小鳥《ことり》がいました。メジロです。若葉《わかば》にとけこむような毛色《けいろ》で、春《はる》がとても似合《にあ》います。メジロのほかには、モズやコゲラ、少《すこ》し大《おお》きなヒヨドリなどもいて、実《み》をついばんだりしています。大《おお》きなカメラをかかえて、飛《と》ぶ小鳥《ことり》を追《お》いかけるのはとても大変《たいへん》なので、1本《ぽん》の木《き》を決《き》めてそこで待《ま》ちます。鳥《とり》たちは、辺《あた》りの木々《きぎ》を周期的《しゅうきてき》に渡《わた》り歩《ある》いているので、飛《と》び去《さ》ってしまっても、しばらくすると再《ふたた》びやって来《く》るのです。

メジロは花《はな》の蜜《みつ》や果実《かじつ》が大好物《だいこうぶつ》ですが、このときは青虫《あおむし》をつかまえていました。もしかすると子《こ》育《そだ》ての中《ちゅう》で、巣《す》に持《も》って帰《かえ》るのかもしれません。メジロはヒナに虫《むし》を与《あた》えて育《そだ》てるからです。

鳥《とり》たちのさえずりをきいていると、僕《ぼく》たちと同《おな》じように、待《ま》ち望《のぞ》んだ季節《きせつ》の到来《とうらい》を喜《よろこ》んでいるような気《き》がしました。

メジロ　JAPANESE WHITE-EYE

メジロ科の鳥で、スズメよりも少し小さめです。メジロの仲間はアジアを中心に広く分布しており、日本でも各地で見られます。目のまわりが白いことが名前の由来とされています。花のみつや虫などをエサにしています。冬になると、「チー、チー」と優しく鳴き交わすさえずり声を聞くことができます。

まるで一枚の葉っぱのようにまわりにとけ込んでいる

▶ 東京都・八王子市

アメリカバイソン

AMERICAN BISON

21

春をむかえ、アメリカバイソンの赤ちゃんがたくさん生まれました

▶ アメリカ・イエローストーン国立公園

21

絶《ぜつ》滅《めつ》のがれたアメリカバイソン

アメリカの中西部《ちゅうせいぶ》で三つの州《しゅう》にまたがり、イエローストーン国立公園《こくりつこうえん》は広《ひろ》がっています。北《きた》アメリカ大陸最大《たいりくさいだい》の火山《かざん》地帯《ちたい》で、世界最古《せかいさいこ》の国立公園《こくりつこうえん》です。ここは主《おも》に山岳《さんがく》と草原《そうげん》からなり、さまざまな生《い》き物《もの》の宝庫《ほうこ》です。

1872年、世界《せかい》で初《はじ》めて誕生《たんじょう》した国立公園《こくりつこうえん》がイエローストーンです。ここには数多《かずおお》くのアメリカバイソンが暮《く》らしています。

4月から5月は出産《しゅっさん》のシーズンで、赤《あか》ちゃんがたくさん生《う》まれます。大人《おとな》のバイソンはとても体《からだ》が大《おお》きく、体重《たいじゅう》が最大《さいだい》で900キロ以上《いじょう》にもなり、迫力《はくりょく》満点《まんてん》です。

親子《おやこ》のバイソンに近《ちか》づいて写真《しゃしん》を撮《と》ろうとしたら、突然《とつぜん》僕《ぼく》に向《む》かって突進《とっしん》してきました。親《おや》だけでなく、つられるように子《こ》どももいっしょに突進《とっしん》してきたのです。僕《ぼく》は急《いそ》いで逃《に》げてなんとか無事《ぶじ》でした。バイソンは子育《こそだ》ての時期《じき》に限《かぎ》らず、つねに警戒心《けいかいしん》が強《つよ》いのです。

昔《むかし》はアメリカ全土《ぜんど》で6千万頭《まんとう》ほどいたとされますが、1900年ごろには数百頭《すうとう》にまで激減《げきげん》してしまいました。主《おも》な原因《げんいん》は、ヨーロッパから来《き》た白人《はくじん》の入植者《にゅうしょくしゃ》たちが、先住民《せんじゅうみん》であるネイティブアメリカンを支配《しはい》するために、彼《かれ》らの主要《しゅよう》な食《た》べ物《もの》であるバイソンを殺《ころ》してしまったからです。絶滅《ぜつめつ》ぎりぎりだったバイソンですが、その後《ご》は保護政策《ほごせいさく》がとられ、現在《げんざい》は数《かず》を回復《かいふく》して絶滅危惧種《ぜつめつきぐしゅ》からも外《はず》されました。

バイソンに限《かぎ》らず多《おお》くの野生動物《やせいどうぶつ》が、人間《にんげん》の都合《つごう》によって絶滅《ぜつめつ》の危機《きき》にひんしたり、絶滅《ぜつめつ》してしまったりしています。絶滅《ぜつめつ》した生《い》き物《もの》は、もう元《もと》にはもどりません。赤《あか》ちゃんバイソンの愛《あい》くるしい顔《かお》をながめながら、生《い》き残《のこ》ることができて本当《ほんとう》に良《よ》かったと思《おも》いました。

アメリカバイソン AMERICAN BISON

ウシ科のほ乳類で、北アメリカの草原に広く分布しています。肩までの高さは、高いものでおよそ2メートル。体重は800キロをこえるものもいます。草原で群れをなして生活し、草などを食べる草食動物です。大きな頭を低く下げていて、背中が高く、腰にかけては、なだらかに低くなっていきます。

雪のふる厳冬期でも、厚い毛皮があるため寒さに強い
▶ アメリカ・イエローストーン国立公園

ムラサキオカヤドカリ

BLUEBERRY HERMIT CRAB

22

砂浜にあらわれたムラサキオカヤドカリ

▶ 沖縄県・渡名喜島

目《め》がニョキッ、ヤドカリ

渡名喜島《となきじま》は、沖縄本島《おきなわほんとう》の西《にし》に浮《う》かぶ小《ちい》さな島《しま》です。周囲《しゅうい》は12・5キロメートルで、那覇《なは》から60キロメートルほど離《はな》れたところにあります。渡名喜村《となきそん》の人口《じんこう》は３８０人《にん》ほどで、日本でも有数《ゆうすう》の小《ちい》さな自治体《じちたい》です。何《なに》もないという言葉《ことば》が、この島《しま》ほど似《に》合《あ》うすてきな場所《ばしょ》もなかなかありません。

ある年《とし》の夏《なつ》、僕《ぼく》は沖縄《おきなわ》を訪《おとず》れました。友《とも》だちが沖縄本島《おきなわほんとう》に住《す》んでいて、その彼《かれ》に軽自動車《けいじどうしゃ》を借《か》りました。フェリーで離島《りとう》に渡《わた》り、この車《くるま》で寝泊《ねと》まりしながら、夜《よる》の海岸《かいがん》にやってくるウミガメの撮影《さつえい》をするのです。

島《しま》に渡《わた》り、その日《ひ》の夜《よる》から毎晩海岸《まいばんかいがん》を歩《ある》いて、産卵《さんらん》のために上陸《じょうりく》するウミガメを探《さが》しました。でもそのころ、この辺《あた》りに低気圧《ていきあつ》が停滞《ていたい》していて、海《うみ》は波《なみ》が高《たか》く荒《あ》れていたのです。そういう悪条件《あくじょうけん》のときは、ウミガメは上陸《じょうりく》しません。仕方《しかた》がないので、朝方《あさがた》に少《すこ》し眠《ねむ》り、日中《にっちゅう》は島《しま》の景色《けしき》などを撮影《さつえい》していました。

南《みなみ》の島《しま》で、ものすごく暑《あつ》い上《うえ》に、借《か》りた車《くるま》はクーラーがこわれていて使《つか》えません。僕《ぼく》は暑《あつ》さでヘトヘトになり、時々日陰《ときどきひかげ》で休《やす》みながら島内《とうない》をめぐっていました。白《しろ》い砂浜《すなはま》に行《い》くと、波打《なみう》ち際《ぎわ》でなにか動《うご》いているものがいます。近《ちか》づいてみるとそれはヤドカリでした。子《こ》どもの拳《こぶし》ほどの大《おお》きさで、きれいなムラサキ色《いろ》をしています。目《め》がニョキッと飛《と》び出《だ》して、おもしろいヤツだと思《おも》いました。

ヤドカリと同《おな》じ目《め》の高《たか》さに寝転《ねころ》びながら、夢中《むちゅう》で撮影《さつえい》をしていました。すると突然《とつぜん》、大《おお》きな波《なみ》がやってきて、僕《ぼく》はザブンと飲《の》みこまれてしまいました。もちろん全身《ぜんしん》ずぶぬれで、カメラはこわれてしまいました。

気《き》をつけていても、時々《ときどき》こうした失敗《しっぱい》はあります。生《い》き物《もの》たちの写真《しゃしん》を撮《と》るときは、それほど夢中《むちゅう》になってしまうのです。

ムラサキオカヤドカリ BLUEBERRY HERMIT CRAB

オカヤドカリ科に属し、海の近くのしげみや石の下など陸で生活する生き物です。熱帯から亜熱帯地域に生息しています。日本では小笠原諸島や南西諸島などを中心に分布しています。植物や魚の肉などを食べる雑食性です。夏の産卵の時期になると集団で海に入ります。卵からふ化すると、しばらくは海の中でくらします。

サンゴが砕けた白砂と紫色の調和がとても美しいです

▶ 沖縄県・渡名喜島

ボルネオオランウータン

BORNEAN ORANGUTAN

23

樹上にたたずむフランジと呼ばれるボス

▶ インドネシア・カリマンタン島

「森《もり》の人《ひと》」オランウータン

23

東南《とうなん》アジアのカリマンタン島《とう》(ボルネオ島《とう》とも)は熱帯雨林《ねったいうりん》の広《ひろ》がるとても大《おお》きな島《しま》です。この島《しま》は、マレーシア、ブルネイ、インドネシアの3か国《こく》で領有《りょうゆう》していて、僕《ぼく》は島《しま》の大部分《だいぶぶん》を占《し》める南側《みなみがわ》のインドネシア領《りょう》を訪《おとず》れました。

島《しま》の南部《なんぶ》は、ジャングルから無数《むすう》の川《かわ》がジャワ海《かい》へと流《なが》れこんでいます。そのうちの一つの川《かわ》を、小《ちい》さな船《ふね》で上流《じょうりゅう》に向《む》かいます。

川《かわ》を半日《はんにち》ほどさかのぼって岸辺《きしべ》に船《ふね》をつけ、ジャングルの奥《おく》へと続《つづ》く小道《こみち》を歩《ある》いて行《い》きました。甲高《かんだか》い虫《むし》の声《こえ》が鳴《な》り響《ひび》きます。ここは赤道近《せきどうちか》くでとても暑《あつ》く、僕《ぼく》は汗《あせ》だくです。

しばらく進《すす》むと、木《き》の上《うえ》にオランウータンの親子《おやこ》がいました。ぴったりと寄《よ》りそい、仲《なか》むつまじくしています。近《ちか》くで見《み》ていると、親子《おやこ》がそばに寄《よ》って来《き》ました。赤《あか》ちゃんは僕《ぼく》のことが気《き》になるようです。しばらくすると母親《ははおや》が僕《ぼく》の服《ふく》を引《ひ》っ張《ぱ》ったり、髪《かみ》の毛《け》を触《さわ》ったりしてきました。僕《ぼく》はおとなしくされるがままにしています。

オランウータンは大型類人猿《おおがたるいじんえん》という種類《しゅるい》で、僕《ぼく》らと同《おな》じヒト科《か》の仲間《なかま》です。頭《あたま》が良《よ》く、好奇心《こうきしん》も旺盛《おうせい》です。なんだか僕《ぼく》も親《した》しくなれるような気《き》がしました。

大人《おとな》のおすがその地域《ちいき》のボスになると両《りょう》ほほが張《は》り出《だ》すのですが、それをフランジといいます。単《たん》にボスのことをフランジといったりもします。体《からだ》が大《おお》きく力《ちから》持《も》ちのフランジが近寄《ちかよ》ってきたら、僕《ぼく》はそっと逃《に》げます。

昔《むかし》に比《くら》べるとジャングルの面積《めんせき》が減《へ》り、オランウータンの絶滅《ぜつめつ》が心配《しんぱい》されています。今《いま》、世界中《せかいじゅう》の人《ひと》たちが熱心《ねっしん》に保護活動《ほごかつどう》をしているところです。地元《じもと》の人《ひと》たちは彼《かれ》らのことを「森《もり》の人《ひと》」と呼《よ》んで、とても大切《たいせつ》にしています。

ボルネオオランウータン BORNEAN ORANGUTAN

カリマンタン島(インドネシア、マレーシア)の熱帯雨林にすむボルネオオランウータン。体長は110〜140センチ、体重40〜90キロ。ほとんどの時間を木の上で過ごし、木の葉や樹皮、果実、シロアリなどを食べます。その他、スマトラ島(インドネシア)にスマトラオランウータンと、2017年に新たに確認されたタパヌリオランウータンの2亜種がいます。

枝につかまってぶら下がるオランウータンの母と子
▶ インドネシア・カリマンタン島

前川貴行 TAKAYUKI MAEKAWA

1969年、東京都生まれ。動物写真家。エンジニアとしてコンピューター関連会社に勤務した後、26歳の頃から独学で写真を始める。97年より動物写真家・田中光常氏の助手をつとめ、2000年よりフリーの動物写真家としての活動を開始。日本、北米、アフリカ、アジア、そして近年は中米、オセアニアにもそのフィールドを広げ、野生動物の生きる姿をテーマに撮影に取り組み、雑誌、写真集、写真展など、多くのメディアでその作品を発表している。

▶2008年日本写真協会賞新人賞受賞。
▶第一回日経ナショナル ジオグラフィック写真賞グランプリ。
▶http://www.earthfinder.jp/

生き物たちの地球 1

2019年3月31日　初版第1刷発行

著者	前川貴行
発行者	植田幸司
発行所	朝日学生新聞社 〒104-8433 東京都中央区築地5－3－2 朝日新聞社新館9階 電話：03-3545-5436(出版部) http://www.asagaku.jp/(朝日学生新聞社の出版案内など)
装丁・デザイン	富澤祐次
編集協力	今井　尚(朝日小学生新聞)
プリンティングディレクション	髙柳　昇
印刷所	東京印書館

参考文献　『驚くべき世界の野生動物生態図鑑』(日東書院)
『小学館の図鑑 NEOシリーズ』(小学館)
『講談社の動く図鑑 MOVE 動物』(講談社)
『動物大百科シリーズ』(平凡社)
『日本動物大百科シリーズ』(平凡社)

ISBN 978-4-909064-72-1

この本は朝日小学生新聞の連載の「前川貴行の生き物たちの地球」(2016年7月～)を加筆、修正したものです。